Gianbattista Antoci Audax

EGem

prima parte

Teoria e formula del tutto

Theory and formula of everything

Ai miei genitori, Lucia e Giorgio, e a mia sorella Luisa... le persone più importanti.

To my parents, Giorgio and Lucia, and my sister Luisa… the most important persons.

"A parità di fattori la spiegazione più semplice è da preferire"

Guglielmo di Ockham

"Among competing hypotheses, the one with the fewest assumptions should be selected"

William of Ockham

La relatività insegna a vedere il legame
esistente tra le descrizioni differenti di una
sola e identica realtà"

Albert Einstein

"Relativity teaches how to see the link
between the different descriptions of a
single and identical reality"

Albert Einstein

INTRODUZIONE

Tra i tanti uomini che calpestano questo mondo ce ne sono alcuni che, incarnando il fine della scienza, aspirano a comprendere la natura delle cose e le relazioni che le legano.

Si tratta di persone che aspirano a trovare i tesori gelosamente nascosti dalla natura.

Tra le scoperte più preziose va sicuramente ricordata la legge di conservazione energia-massa ovvero la relazione che lega massa, energia e velocità della luce.

Ma non si possono scoprire tesori nascosti se si percorrono sempre sentieri già tracciati. Bisogna avere il coraggio di avventurarsi e seguire i propri sentieri, sentieri personali.

Anche io ho una visione un po' personale della realtà e in questo breve libro esporrò una nuova teoria che inserisce proprio la legge di conservazione energia-massa in una teoria più ampia, una teoria più generale.

In particolare partendo dalla famosa formula $e = mc^2$ e riflettendo sulla geometria universale si vanno combinando i suggerimenti di Einstein e i principi della termodinamica in una sorta di reazione a catena il cui risultato ultimo è una teoria del tutto, semplice ed elegante, la cui formula finale, priva dei segni aritmetici, è EGem.

INTRODUCTION

Among the many men who tread this world there are some of them who, embodying the purpose of science, aspire to understand the nature of things and the relationships that link them.

These are people who aspire to find the treasures jealously hidden from nature.

Among the most valuable discoveries surely must be remembered the law of conservation of mass-energy that is the relation between mass, energy and the speed of light.

But you can't discover hidden treasures if you always walk in already traced paths. You must have the courage to risk and follow your own paths, your personal paths.

I have a rather personal vision of reality and in this short book I'll show you a new theory that inserts the law of conservation of mass-energy in a wider theory, a more general theory.

In particular starting from the famous formula $e = mc^2$ and thinking about the universal geometry, the suggestions of Einstein and the principles of the thermodynamics are put together getting, at the end, a theory of everything, simple and elegant, whose final formula, without arithmetical signs, is EGem.

GEOMETRIA UNIVERSALE

Il concetto della quarta dimensione ha stuzzicato prima di Einstein la curiosità delle menti più aperte e creative.
Nel 1884 Edwin Abbott per esempio ne parlò in modo estremamente originale in "Flatlandia". In questo racconto fantastico si narra di un abitante di un ipotetico universo bidimensionale che entra in contatto con una sfera cioè un abitante di un universo tridimensionale. Il libro è anche una bellissima satira della società vittoriana in particolare e della società umana più in generale.

Einstein nella teoria della relatività associò la quarta dimensione al tempo tuttavia se si cerca di pensare ad un oggetto quadrimensionale la cosa non è così intuitiva.

Martin Gardner nel suo libro divulgativo "La relatività per tutti" dice "Se si pone un libro davanti ad una sorgente di luce e se ne proietta l'ombra su uno schermo a due dimensioni, una rotazione del libro farà alterare la forma della sua ombra: con il

libro in una posizione, l'ombra sarà un
rettangolo spesso;

con il libro in un'altra posizione, l'ombra è
un rettangolo sottile.

La forma del libro non cambia; solo la sua
proiezione bidimensionale cambia".

Nel 1908 Minkowski, professore di Einstein, in una famosa conferenza all'Assemblea dei Naturalisti Tedeschi disse: "Le visioni di spazio e tempo che desidero presentarvi sono scaturite dal terreno della fisica sperimentale e in ciò sta la loro forza. Sono radicali. Per cui lo spazio preso isolatamente e il tempo preso isolatamente sono destinati a dissolversi in semplici ombre e solo una specie di unione dei due conserverà una realtà indipendente".

Premesso tutto ciò risulta più semplice capire che la realtà quadrimensionale è data dalla somma delle "ombre tridimensionali." Le cose del mondo con i loro odori, i colori e le forme, i sapori, i suoni e perfino con la loro consistenza sono in verità irreali o reali come ombre.

Il concetto fondamentale relativo alla quarta dimensione è che realtà apparentemente molto diverse tra di loro si possono considerare come aspetti diversi di una sola realtà.

UNIVERSAL GEOMETRY

The concept of the fourth dimension has stimulated before Einstein the curiosity of the most opened and creative minds.
In the 1884 Edwin Abbott for instance spoke about it in an extremely original way on "Flatland". This is a fantastic story where an inhabitant of a hypothetical bidimensional universe meet a sphere that is an inhabitant of a three-dimensional universe. The book is also a beautiful and ironic vision of the victorian society in particular and the human society more in general terms.

Einstein on the theory of the relativity associated the fourth dimension to time however to imagine a quadrimensional object is not easy.

Martin Gardner on his book "Relativity for the million" says "If you put a book in front of a bulb with a spin of the book the shadow on a bidimensional screen will change: with the book in a position, the shadow will be a big rectangle ;

with the book in another position, the shadow will be a thin rectangle.

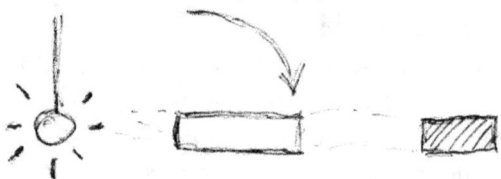

The shape of the book does not change; only its bidimensional shadows changes".

In the 1908 Minkowski, university professor of Einstein, in a famous conference at the Assembly of the German Naturalists said: "The visions of space and time that I want to show you come from the physical experience and this is their strength. They are radical. So the space alone and the time alone are destined to dissolve in simple shadows and just a kind of union of the two will conserve an independent reality".

Said all this it's easy to understand that the quadrimensional reality is given from the sum of the "three-dimensional shadows." The things of the world with their smells, the colors and shapes, tastes, sounds and even with their consistency are unreal or as real as shadows.

The fundamental concept concerning to the fourth dimension is that reality apparently very different from each other can be considered as different aspects of one reality.

TEORIA DEL TUTTO

Abbiamo già buona parte dei pezzi del puzzle. Abbiamo pezzi sufficienti per capire la realtà che abbiamo difronte e i concetti di relatività e di quarta dimensione sono le chiavi per scardinare i segreti dell'universo. Una teoria del tutto coerente non deve per forza stravolgere modelli che sono stati dimostrati dall'esperienza e dalla grande capacità previsionale. Deve piuttosto integrarli attraverso una "prospettiva superiore" considerandoli contemporaneamente validi e reali ma solo rappresentazioni parziali di un'unica realtà superiore.
Deve quindi integrarli considerando la loro relatività ed equivalenza.

Bisogna pensare ad una teoria che consideri la geometria universale, una teoria che non stravolga la terza dimensione e contemporaneamente consideri l'unità della quarta, una teoria che allo stesso tempo unifichi l'intera realtà tridimensionale, unisca gravità (G) ed elettromagnetismo (E), macrocosmo e microcosmo, senza stravolgere però le leggi matematiche che li regolano isolatamente.

La precisione di Einstein e l'indeterminatezza quantistica vanno unificate come aspetti entrambi validi e reali in una teoria con una prospettiva "superiore".

La teoria del tutto non può non comprendere il concetto della quarta dimensione perchè sarebbe come ostinarsi a guardare le ombre proiettate per terra quando la realtà sta difronte: bisogna cambiare prospettiva.

THEORY OF EVERYTHING

Already we have a lot of the pieces of the puzzle. We have enough pieces in order to understand the reality that we have in front of us and the fourth dimension and relativity are the keys to unhinge the secrets of the universe. A coherent theory of everything does not have to change models that have been demonstrated by experience and from the high previsional ability. Instead it must integrate them through an "higher perspective" considering them at the same time valid and real but only partial representations of just one, more complex reality. Therefore it must integrates them considering their relativity and equivalence. We must think about a theory that considers universal geometry, a theory that does not distort the third dimension and at the same time considers the unit of the fourth, a theory that at the same time put togheter the whole three-dimensional reality, joins gravity (G) and electromagnetism (E), the macrocosmos and microcosm, without changing the mathematical laws that regulate them isolatedly.

The precision of Einstein and the quantum

indeterminacy goes unified as aspects both valid and real in a theory with "an advanced" perspective.

If the theory of everything doesn't consider the fourth dimension it will be like watching the shadows on the floor when reality is in front of us: we must change perspective.

RELATIVITA' ED EQUIVALENZA DELLE FORZE

Cambiare prospettiva significa considerare gravità ed elettromagnetismo non come fenomeni assoluti ma piuttosto forze relative ed equivalenti.

Massa ed energia non sono realtà assolute ma relative ed equivalenti.
Massa ed energia sono due stati fisici tridimensionali estremamente diversi che obbediscono a leggi matematiche diverse perchè hanno diverse caratteristiche tridimensionali ma che allo stesso tempo sono equivalenti ($e = mc^2$, cioè e può diventare m e viceversa).

Analogamente la forza di gravità e le forze elettromagnetiche sono interazioni fisiche estremamente diverse che seguono leggi matematiche diverse perchè sono dovute a diverse caratteristiche fisiche tridimensionali ma che presentano la stessa equivalenza ($G=E$, G può diventare E e viceversa).
Anche se tutte le forze si manifestano a livello tridimensionale in modo diverso

sono equivalenti.

Nel formulare la sua celebre equazione Einstein non ha preso in considerazione le caratteristiche tridimensionali e quindi le leggi matematiche a cui sono soggette individualmente la massa e l'energia. Einstein si è semplicemente limitato a metterle in relazione tra di loro attraverso il riferimento della velocità, riferimento in relazione al quale variano m ed e.

Gravità ed elettromagnetismo non si possono unificare direttamente mediante basi matematiche identiche ma indirettamente attraverso un'equazione di equivalenza che consideri un riferimento in relazione al quale cambiano perchè sotto certe condizioni la gravità si trasforma in elettromagnetismo e sotto altre condizioni l'elettromagnetismo si trasforma in gravità.

RELATIVITY AND EQUIVALENCE OF THE FORCES

Changing perspective means considering the gravity and the electromagnetism not as absolute phenomena but rather relative and equivalent forces.

Mass and energy are not absolute but relative and equivalents.
Mass and energy are two extremely various three-dimensional physical states that obey to different mathematical laws because they have various three-dimensional characteristics but at the same time they are equivalents ($e = mc^2$, that is e can become m and viceversa).

Similarly gravity and electromagnetism are very different physical interactions that follow various mathematical laws because they are due to various three-dimensional physical characteristics but they have the same equivalence ($G=E$, G can become E and viceversa).

Even if all the forces are manifested to three-dimensional level in various way they are equivalents.

In his famous equation Einstein didn't consider the three-dimensional characteristics and therefore the mathematical laws that mass and energy follow individually.
Simply Einstein put them in relation with the reference of the speed, reference in relation to which m and e change.

Gravity and electromagnetism cannot be put together directly with identical mathematical laws but indirectly through an equation of equivalence that considers a reference in relation to which change both of them because under certain conditions gravity become electromagnetism and viceversa.

ASSOLUTO ENERGETICO

Se gravità ed elettromagnetismo sono solo
forze relative qual'è il fenomeno assoluto?
La gravità e l'elettromagnetismo sono
fenomeni spontanei i cui effetti
tridimensionali sono diversi (possiamo
avere solo attrazione o attrazione e
repulsione) ma secondo i principi della
termodinamica il motore energetico che li
genera è uguale: l'aumento dell'entropia

Piero Angela, nel suo libro divulgativo
"Viaggio nella scienza", afferma "Il vento,
una macchina a vapore, una centrale
termoelettrica: sono tre cose molto diverse
tra loro, ma tutte collegate da uno stesso
principio. Quello, cioè, che per produrre
movimento, calore, o elettricità, o qualsiasi
altra cosa, occorre una differenza di
temperatura... Se, per ipotesi, non ci fossero
differenze di temperatura, non vi sarebbe
niente di tutto questo...E questo qualunque
fosse la temperatura ambientale non importa
se alta o bassa. In altre parole, la mancanza
di differenze di temperatura condurrebbe a
un sistema inerte, praticamente morto,
incapace di movimento, di reazioni

chimiche, di trasformazioni d'energia, di evoluzione e di vita. Sarebbe la completa degradazione del potenziale energetico. I fisici chiamano questa degradazione entropia".

La mela cade giù e i protoni si respingono perchè l'entropia aumenta.
Dal punto di vista energetico quindi gravità ed elettromagnetismo sono la stessa cosa e allo stesso modo sono legati al fattore energia.

Le forze non andrebbero spiegate in termini di attrazione e repulsione ma piuttosto in termini di spostamenti.
Quando si percepisce una forza infatti tutti i corpi (macroscopici e microscopici) alla fine sono solo obbligati, costretti a spostarsi per raggiungere una posizione con potenziale energetico minore, una posizione in cui l'entropia è massima ovvero
$$\Delta T = 0$$
E' questa legge di pigrizia cosmica che "costringe" i corpi a muoversi in base alle loro caratteristiche tridimensionali e in modi attribuiti ora alla gravità ora all'elettromagnetismo.

Il fenomeno assoluto, in sintesi, è la
degradazione del potenziale energetico
ΔT .

L'aumento dell'entropia ($\Delta T \to 0$)
genera G e E.

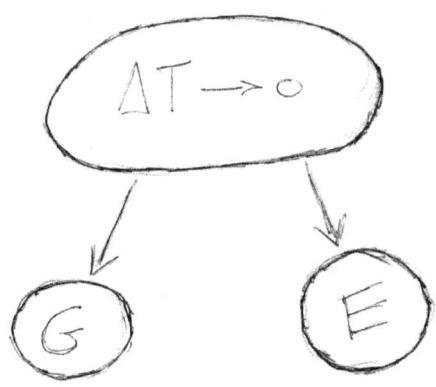

ENERGETIC ABSOLUT

If gravity and electromagnetism are just relative forces what is the absolute phenomenon? Gravity and electromagnetism are spontaneous phenomena whose three-dimensional effects are various (we can have only attraction or attraction and repulsion) but according to the principles of the thermodynamics the energetic engine that generate them is the same: the increase of entropy.

Piero Angela, in his book "Travel in science", asserts "the wind, a steam engine, a thermal power station: these are three very different things connected by the same principle. That is, to produce movement, heat, or electricity, or anything else, is necessary a temperature difference… If there aren't temperature differences, there would be nothing of all this… and this with every ambient temperature, does not care if it's high or low. In other words, the lack of temperature differences would lead to an inert system, practically dead, incapable of movement, chemical reactions, energy transformations, of evolution and life. It would be the complete degradation of the energetic potential. Scientists call this degradation entropy".

The apple falls down and the protons are rejected because the entropy increases. From the energetic point of view therefore gravity and electromagnetism are the same thing and in the same way they are linked to energy.

The forces should be explained not in terms of attraction and repulsion but in terms of movements. When a force is perceived in fact all the objects (macrocospic and microscopic) are only forced to move themselves in order to get a position with a lower energetic potential, a position where the entropy is maximum that is $\Delta T = 0$. Is this law of cosmic laziness that "forces" the objects to move according to their three-dimensional characteristics and in ways attributed now to gravity now to electromagnetism.

The absolute phenomenon, in synthesis, is the degradation of the energetic potential ΔT.

The increase of entropy ($\Delta T \to 0$)
generates G and E.

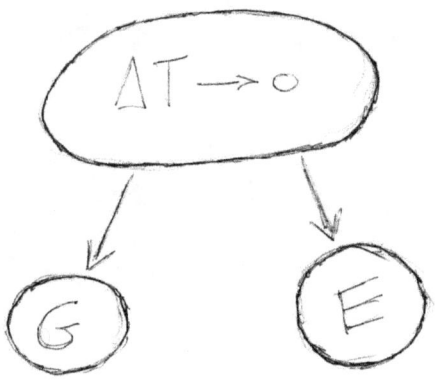

I CAMPI DI FORZA E IL CONTINUUM
ENERGIA-MASSA

Einstein con la sua famosa equazione
$e = mc^2$ disse che la massa è energia ed è
legata alla velocità.
Einstein pensava che le masse curvassero lo
spazio. In effetti non si tratta di una vera e
propria curvatura geometrica ma piuttosto
di una modifica più in senso lato. Le masse
"curvano", "modificano" lo spazio nel
senso che creano una regione con un
potenziale energetico ΔT tale che i corpi
si muovono, interagiscono in modo da
aumentare l'entropia $\Delta T \rightarrow 0$.

Quando $\Delta T = 0$ si ha la degradazione
completa del ΔT e il sistema è inerte,
incapace di movimento.

Per capire meglio cosa succede bisogna fare
un esempio "termodinamico".
Un corpo caldo e uno freddo messi a
contatto raggiungono spontaneamente la
stessa temperatura, cambiano temperatura
fino a quando $\Delta T = 0$.

Potremmo dire che c'è una forza, un campo

termodinamico che spinge i corpi alla stessa temperatura, ma non potremmo dire che una temperatura da sola ha creato un campo termodinamico perchè ovviamente se non fosse presente nessun oggetto avremmo $\Delta T = 0$ ma se fosse presente anche un solo oggetto non avremmo ancora nessun ΔT .

Significa che il campo termodinamico non è creato da un singolo oggetto con una certa temperatura ma da due oggetti insieme con temperature differenti.
Quando due temperature sono uguali il campo termodinamico non si avverte perchè semplicemente non c'è.

Analogamente tutte le forze, tutti i campi di forza sono espressione di questo ΔT e così come una sola temperatura non crea un campo termodinamico una sola massa non crea un campo gravitazionale che piuttosto è creato da due masse insieme non in equilibrio. Quest'ultimo è infatti solo la manifestazione tridimensionale macroscopica della massima entropia (di $\Delta T = 0$)
In altre parole quando due masse sono in

equilibrio il campo gravitazionale non si avverte perchè semplicemente non c'è.

Einstein suggerì che anche le cariche curvassero lo spazio creando un potenziale energetico ΔT.
Allora anche le cariche sono energia e sono legate alla velocità.
La relazione che lega masse e cariche alla velocità considerando la loro natura energetica può essere molto simile a quella esistente tra ghiaccio e acqua considerando la loro natura gassosa.
La massa è energia concentrata.
L'energia è una sorta di "stato gassoso" della materia e delle cariche elettriche e in questo quadro quest'ultime appaiono solo come uno stato intermedio tra i due estremi.
Infatti le cariche, che si attraggono e si respingono, presentano una maggiore "flessibilità" rispetto alle masse, che solamente si attraggono, come l'acqua è più "elastica" rispetto al ghiaccio.
Le forze elettromagnetiche, che sono più intense, sono espressione di un livello energetico superiore rispetto alla forza di gravità, che è meno intensa, come l'acqua (che ha una temperatura maggiore) è

espressione di un livello energetico superiore rispetto al ghiaccio (che ha temperatura minore).

In poche parole la formula di Einstein sancisce l'esistenza del continuum energia-massa regolato dalla velocità e responsabile delle masse e delle cariche elettriche e delle forze che generano.

THE FIELDS OF FORCES AND THE CONTINUUM ENERGY-MASS

Einstein with his famous equation
$e = mc^2$ said that mass is energy and is
linked to speed.
Einstein thought the masses bent the space.
In fact this is not a real geometric curvature
but just a modification more broadly
speaking.
The masses "bend", "modify" the space in
the sense that they create a region with a
potential energy ΔT so that the objects
move, interact so as to increase the entropy
$\Delta T \rightarrow 0$.
When $\Delta T = 0$ there is the complete
degradation of ΔT and the system is
inert, incapable of movement.

In order to better understand what happens
we must make a "thermodynamic" example.
A warm body and a cold one in contact
spontaneously reach the same temperature,
change temperatures till $\Delta T = 0$.

We could say there is a force, a
thermodynamic field that pushes the bodies
at the same temperature, but we could not

say that a temperature alone has created a thermodynamic field because obviously if no object were present $\Delta T = 0$ but also with a single object still there wouldn't be ΔT .

It means that the thermodynamic field is not created by a single object with a certain temperature but by two objects together with different temperatures. When two temperatures are equal the thermodynamic field is not perceived because simply it isn't there.

In the same way all the forces, all the fields of forces are expression of this ΔT and like a single temperature does not create a thermodynamic field a single mass does not create a gravitational field that is rather created by two masses together not in balance. The balance is in fact only the macrocospic three-dimensional manifestation of the maximum entropy ($\Delta T = 0$).

In other words when two masses are in balance the gravitational field isn't felt because simply it isn't there.

Einstein suggested that also the charges
bend the space creating an energetic
potential ΔT .
Then also the charges are energy and are
linked to speed.
The relation that link masses and charges to
speed considering their energetic nature can
be similar to the link existing between ice
and water considering their gaseous nature.
The mass is concentrated energy.
Energy is the "gaseous state" of the matter
and the electric charges and the last one are
like an intermediate state between the two
extreme.
In fact the charges, that attract and reject
themselves, are more"flexibles" than the
masses, that only attract themselves, like
water is more "elastic" than ice.
The electromagnetic forces, which are more
intense, are expression of an energy level
higher than the force of gravity, which is
less intense, such as water (which has
higher temperature) is expression of an
energy level higher than ice (which has
lower temperature).

In a few words the formula of Einstein
states the existence of the continuum

energy- mass adjusted from speed and responsible for the masses and the electric charges and for the forces that they generate.

LA FORMULA CERCATA DA EINSTEIN

Con il continuum energia-massa abbiamo visto che a velocità diverse abbiamo caratteristiche fisiche diverse.
La velocità è responsabile di quella proprietà fisica chiamata carica elettrica. In altre parole la velocità è responsabile delle cariche elettriche che interagiscono come descritto dall'elettromagnetismo.

Le masse e le cariche, la gravità e l'elettromagnetismo sono insomma intimamente legati alla velocità.
In particolare la massa e la gravità sono espressione di basse velocità mentre le cariche e l'elettromagnetismo sono espressione di alte velocità.

La gravità (G) quindi è inversamente proporzionale alla velocità mentre l'elettromagnetismo (E) è direttamente proporzionale alla velocità. Ipotizzando allora la loro equivalenza $G = E$ e mettendole in relazione con c (la velocità) matematicamente si avrà $Gc = \dfrac{E}{c}$ ovvero

$E = Gc^2$.

La velocità c presa in considerazione è quella della luce perchè è una costante.

Da questa formula si vede che, per esempio, negli atomi la gravità è impercettibile perchè le velocità sono altissime.

Per la relazione che lega e, m e c posso poi sostituire m con c infatti $e = mc^2$ da cui

$$c^2 = \frac{e}{m}$$

quindi $E = Gc^2$ diventa $E = G\frac{e}{m}$

equivalente a $G = E\frac{m}{e}$.

Concludendo la gravità e l'elettromagnetismo sono legate tra di loro e al continuum energia-massa secondo la

legge $E = G\frac{e}{m}$.

THE FORMULA EINSTEIN LOOKED FOR

With the continuum energy-mass we saw that with different speed there are different physical characteristics.
The speed is responsible for the physical property called electric charge.
In other words the speed is responsible for the electric charges who interacts like described by electromagnetism.

The masses and the charges, the gravity and the electromagnetism are intimately linked to the speed. In particular the masses and the gravity are expression of low speed while the charges and the electromagnetism are expression of high speeds.

The gravity (G) therefore is inversely proporzional to the speed while the elettromagnetsm (E) is directly proporzional to the speed. Assuming then their equivalence $G = E$ and putting them in relation with c (the speed) mathematically it will be $Gc = \dfrac{E}{c}$ that is $E = Gc^2$.

The speed c is the speed of light because it's always the same.

From this formula we see that, for example, in atoms gravity is imperceptible because the speeds are very high.

For the relation that link together e, m and c we can replace m with c in fact $e = mc^2$

from which $c^2 = \dfrac{e}{m}$

therefore $E = Gc^2$ becomes $E = G\dfrac{e}{m}$

equivalent to $G = E\dfrac{m}{e}$.

Concluding the gravity and the electromagnetism are linked each other and to the continuum energy-mass according the

law $E = G\dfrac{e}{m}$.

seconda parte

I confini dell'universo
e altro

"Esistono in natura dei meccanismi di base che, una volta afferrati, aiutano ad avere una visione più chiara dell'insieme perchè si ripetono. La natura non è così complessa come la si dipinge"

G.A.A.

INTRODUZIONE

Spinto dalla naturale curiosità umana nel corso della mia vita purtroppo a volte mi sono imbattuto in una certa insoddisfazione perchè devo dire che per quanto riguarda alcuni quesiti che ho posto a me stesso e agli altri non sempre le risposte comunemente più accettate mi hanno convinto del tutto. Non sempre le idee più tradizionali, più convenzionali mi hanno completamente persuaso.

La mia natura allora mi ha costretto a cercare le mie risposte e questo libro è il frutto di questa ricerca personale e interiore. Sono brevi riflessioni, frutto di confronti e letture, sugli argomenti esistenziali classici (dio e il sovrannaturale, la morte), su argomenti di interesse fisico (lo spazio e il tempo, i confini dell'universo) e su argomenti politico- sociali (la democrazia, la guerra al terrorismo) che attraverso prospettive personali mi fanno interpretare il mondo in modo anche un po' inedito.

Un modo un po' diverso di vedere le cose che necessariamente devo mettere per iscritto in quanto la condivisione è una proprietà intrinseca della natura delle idee.

Sono i pensieri stessi infatti che con impeto rivendicano, pretendono la propria diffusione perchè un pensiero confinato nella testa è come se non fosse stato mai pensato. Un pensiero imprigionato nel cervello è come se non esistesse e i pensieri, come gli uomini, una volta nati vogliono vivere a prescindere dal loro destino.
Le idee, in buona sostanza, nascono per essere condivise come gli uomini per vivere.

...CIO' CHE SI PENSA...

Io penso che la morte sia buio e silenzio,
una realtà senza odori, immobile.
Magari sarà noiosa ma di certo la vita tante
volte è più terribile e spesso fa più paura.
Tutti la conosciamo ma molti la
dimenticano e molti la temono
perchè si teme ciò che non si conosce
o ciò che si pensa di non conoscere... la
morte è non-vita e tutti siamo stati non-vivi
ovvero morti prima di nascere.

...VITA DI BICICLETTA...

L'esistenza di una realtà soprannaturale non si può escludere per principio ma sicuramente non ha niente a che fare con quello che insegna la chiesa. Qual'è allora lo scopo della vita se dio e paradiso si considerano solo superstizioni?
Innanzitutto bisognerebbe riflettere sulla forma di vita più semplice.
Non solo noi esseri viventi abbiamo una vita... anche gli oggetti hanno la loro.
Una bicicletta nasce quando viene costruita e muore quando viene buttata.
Ma se non viene mai utilizzata, se viene sempre tenuta chiusa dentro,
questa bicicletta esiste è vero ma la sua vita di bicicletta viene sprecata perchè non fa mai uso delle sue ruote, dei suoi freni, non si bagna di pioggia e non si sporca di fango.
Allora bisogna comprendere che lo scopo della vita non è sovrannaturale e complicato ma naturale e semplice.
Tu uomo fai uso della tua mente e del tuo corpo perchè questo è lo scopo della vita e la base per vivere la vera felicità: bisogna realizzare il potenziale naturale proprio perchè solo questo dà il vero benessere, il

benessere più profondo e duraturo.
L'uomo nuovo è quello che innanzitutto
cura la propria mente e il proprio corpo.
Importante poi è lavorare quanto basta per
vivere dignitosamente e trovare ogni giorno
il tempo per giocare.
Ricordate quindi: corpo, mente, lavoro e
gioco.

...SOLO L'ILLUSIONE...

Se sei un uomo saggio non rincorrere
niente perchè nella vita è destino,
segui solo le tue passioni.
Ciò non vuol dire che tutto è scritto... niente
è scritto ma le cose della vita non
dipendono da noi.
La nostra volontà non conta se non in modo
marginale perchè essa è solo un fattore, una
delle infinite variabili che entrano in gioco
nella nostra vita. Già solo dove e quando
nasci pregiudica in modo forte la tua
esistenza. E poi ci sono le volontà di
miliardi di altre persone e gli eventi
naturali.
In buona sostanza anche quando prendi
delle decisioni in realtà hai solo l'illusione
di non subire gli eventi perchè le tue
decisioni sono prese sulla base di situazioni
su cui non hai nessun controllo.

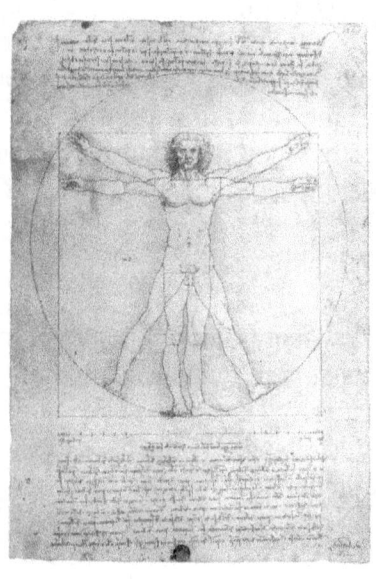

...QUANDO SENTI L'ARMONIA...

Tu come uomo puoi amare un altro
uomo senza essere omosessuale perchè
l'amore è un sentimento di armonia.
Emblematico è l'amore tra genitori e figli.
L'amore è essere in armonia con il proprio
corpo o con la natura... un uomo e una
donna possono fare l'amore per settimane
senza fare sesso.
Gioisci insomma quando senti l'armonia
perchè in quel momento stai vivendo
l'amore.

...SENTIRAI IL VENTO...

Non mi piace l'immagine del mio corpo in decomposizione.
Non mi piace neanche l'idea che ciò che resta del mio corpo resti sepolto sottoterra o peggio resti chiuso in quelle costruzioni in cemento armato così anonime, grigie e tristi. Trovo ciò troppo artificiale.
Preferisco invece la cremazione e la dispersione delle ceneri... le trovo semplicemente più naturali.
In natura le creature viventi dopo la morte ritornano a vivere nel vento, nell'aria e nella pioggia.
Se la tomba è il posto che conserva i resti mortali allora con la cremazione la tomba diventa l'intero universo e ogni posto è sacro e quando sentirai il vento sulla pelle io sarò lì e se vorrai potrai rivolgermi un pensiero.
Non avendo una tomba fisica non potrai portarmi un fiore ma quell'attimo in cui mi avrai pensato sarà il fiore che non mi avrai portato.

...AI CONFINI DELL'UNIVERSO...

Non è l'universo che si sta espandendo
(rubando spazio a qualcos'altro) ma è lo
spaziotempo che si espande nel vuoto.

Il vuoto è spaziotempo in potenza e
viceversa ovvero l'uno diventa l'altro.
Anche il vuoto si trasforma dunque e non
può essere creato dal nulla.
Quella del vuoto è però una realtà po'
particolare, speciale poiché il vuoto è una
realtà priva di dimensioni.
Questa realtà, in buona sostanza, non può
avere confini.
Lo spaziotempo, la realtà di cui
quotidianamente facciamo esperienza, è
invece la realtà che può avere dei confini
perchè si hanno le dimensioni ma essendo
una realtà relativa, in continua
trasformazione, non si può stabilire un
confine assoluto ma solo confini relativi ad
una determinata e transitoria forma.
L'universo non possiede un confine ma
molteplici, infiniti.

Nell'universo insomma esistono due realtà:
una senza confini (il vuoto) e una dotata di

confini ma solo relativi (lo spaziotempo).
La visione globale dell'universo non può
prescindere dalla fusione immaginaria e in
contemporanea di queste due straordinarie
realtà.
Bisogna poi considerare che il potenziale
energetico universale con il fenomeno
spontaneo chiamato big bang si degrada ma
non si distrugge e ciò suggerisce che la
natura dell'universo sia ciclica.

La visione in blocco dell'universo è
insomma una realtà sconfinata di cicli
infiniti dove anche l'eternità non è etena.

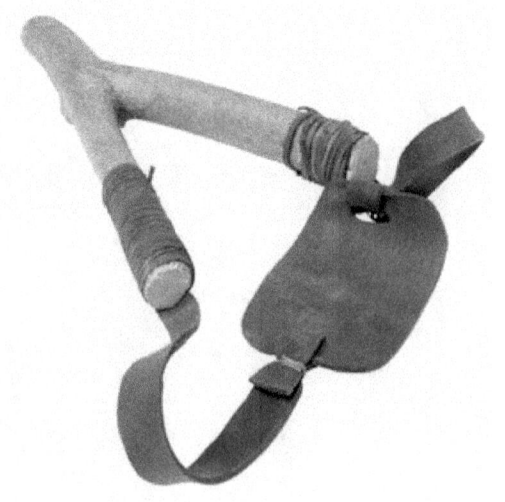

...UN CONFLITTO A BASSA INTENSITA'...

La terza guerra mondiale è già stata combattuta ma pochi se ne sono accorti perchè si è trattato di un conflitto a bassa intensità. È stata la guerra fredda, una guerra combattuta con le armi del terrorismo e dei colpi di stato (e non solo). Dal sito www.disinformazione.it si possono estrapolare le principali battaglie sostenute dagli Usa in questa guerra:

Cina 1949-51 addestramento, logistica, organizzazione, reclutamento a sostegno dei nazionalisti di Chaing Kai-Shek nella guerra civile contro Mao.
Francia 1947-50 ostacolata la presenza politica e sindacale dei comunisti tramite finanziamenti, consulenze, addestramento ai socialisti e ai sindacati non comunisti e ricorrendo ad operazioni segrete dirette e tramite gli indipendentisti corsi.
Isole Marshal 1946-1958 trasferita la popolazione per consentire i numerosissimi test di bombe nucleari.
Italia dal 1947 finanziamento della Democrazia Cristiana e organizzazione

dell'apparato politico e propagandistico per influenzare l'elettorato.

Grecia 1947-9 *intervento decisivo nella guerra civile a favore dei neofascisti e organizzazione dell'agenzia per la sicurezza interna, KYP.*

Filippine 1945-53 *combattimento diretto contro le forze di sinistra Huk e pilotaggio delle elezioni fino alla dittatura di Ferdinando Marcos.*

Corea 1945-53 *soppressione delle organizzazioni popolari precedentemente alleate e sostegno alle forze conservatrici precedentemente collaborazioniste con i giapponesi.*

Albania 1949-53 *tentativo di organizzare il rovesciamento del governo comunista.*

Europa Occidentale anni '50-'70 *costituzione dell'organizzazione segreta Stay Behind, finanziamento da parte della CIA tramite fondazioni e istituzioni a favore di partiti, riviste, agenzie di stampa, sindacati, gruppi studenteschi, associazioni di giuristi e avvocati.*

Iran 1953 *rovesciamento di Mossadeq.*

Guatemala dal 1953 *rovesciamento del governo, istituzione e protezione di un governo filo Usa responsabile di 200 mila* *vittime.*

Costarica 1955, *1970 tentativi di rovesciare Figueres.*

Medioriente 1956-8 *tentativi di rovesciamento del governo siriano, pressioni sui governi di Libano e Giordania, sbarco di 14 mila soldati in Libano, cospirazione per rovesciare Nasser.*

Indonesia 1957-8 *tentativi di rovesciare Sukarno.*

Haiti 1959 *uso di forze armate USA per fermare la rivolta contro il dittatore Duvalier.*

Guyana 1953-64 *rovesciamento di Jagan.*

Iraq 1958-63 *organizzazione del colpo di stato contro Kassem.*

Cambogia 1955-73 *assassini politici, organizzazione del rovesciamento di Sihanouk, sostegno a Pol Pot e ai khmer rossi.*

Laos 1957-73 *organizzazione di colpi di stato nel 1958, 59 e 60; costituzione della milizia clandestina.*

Thailandia 1965-73 *invio di consiglieri militari per il mantenimento della dittatura e per la repressione della popolazione civile e della guerriglia; finanziamento, armamento e addestramento della polizia e* dell'esercito.

Ecuador 1960-63 estromissione del leader Josè Velasco.

Congo/Zaire 1960-65 e 77-78 estromissione ed assassinio del premier Patrice Lumumba; sostegno all'insediamento e al mantenimento della dittatura Mobutu.

Francia Algeria anni '60 appoggio all'insurrezione dell'OAS, per impedire che De Gaulle concedesse l'indipendenza all'Algeria; tentativo poi abortito della CIA di assassinare De Gaulle.

Brasile 1961-64 approvazione e supporto del colpo di stato contro Joao Goulart; sostegno della dittatura militare.

Perù 1965 eliminazione di formazioni di guerriglieri ad opera dell'esercito americano.

Repubblica Domenicana 1963-65 sostegno al rovesciamento del governo Bosch e invio di 23 mila soldati per sedare la rivolta contro i golpisti.

Cuba dal 1959 quarant'anni di attacchi terroristici, attentati dinamitardi, invasioni militari sanzioni, embargo, isolamento ed assassini.

Indonesia 1965 sostegno all'insediamento

della dittatura Suharto e consegna ai militari indonesiani della lista di 5000 nomi di comunisti da eliminare.

Ghana 1966 *colpo di stato appoggiato dalla Cia per rovesciare Nkrumah.*

Uruguay 1969-72 *addestramento e organizzazione della repressione contro i Tupamaros.*

Cile 1964-73 *sabotaggio della campagna elettorale di Allende nel 1964, destabilizzazione del governo Allende dal 1970 e sostegno al colpo di stato e alla dittatura Pinochet.*

Grecia 1967-74 *attiva collaborazione della CIA e delle forze armate USA al colpo di stato.*

Sudafrica anni '70-'80 *intensa collaborazione della CIA con i servizi segreti per la repressione dell'African National Congress e per la cattura di Mandela; violazione dell'embargo sulle armi verso il Sudafrica disposto dall'ONU.*

Bolivia 1964-75 *aiuto della CIA e del Pentagono nel rovesciamento del governo Paz; conduzione da parte della CIA dell'operazione di eliminazione di Che Guevara.*

Australia 1972-75 *USA e Inghilterra*

riescono a far allontanare dal governo il premier laburista Whitlam.

Iraq 1972-75 *Gli USA dispongono ingenti aiuti militari agli oppositori Kurdi per indebolire l'Iraq coinvolto nella guerra con l'Iran, tranne ritirare loro ogni aiuto nel momento in cui gli USA approvarono il riavvicinamento Iran-Iraq.*

Portogallo 1974-6 *destabilizzazione del governo nato dalla rivoluzione dei garofani e intimidazione della popolazione fino al successo dei candidati appoggiati e finanziati dalla CIA.*

Timor Est 1975-99 *sostegno del governo degli USA all'invasione da parte dell'Indonesia e del successivo genocidio attuato nei confronti della popolazione.*

Angola anni '60-'80 *Il governo USA entra in sostegno di una delle parti in causa nella guerra civile, inducendo l'URSS a sostenere l'altra parte; la guerra provocherà più di 500 mila morti.*

Giamaica 1976 *tentativo di impedire la rielezione di Manley.*

Honduras anni '80 *invio di migliaia di soldati per sostenere le operazioni antiguerriglia in Salvador e Guatemala e*

per servire come centro di addestramento e
rifornimento per i contras del Nicaragua;
stretto controllo sulla politica interna
honduregna da parte dei diplomatici
americani.

Nicaragua 1978-90 *sostegno attivo*
alla guerriglia dei contras, oppositori del
neogoverno sandinista; interferenza
massiccia nelle elezioni del 1980 che videro
la sconfitta dei sandinisti.

Filippine anni '70-'90 *finanziamenti e*
sostegno alla stabilizzazione del governo
responsabile di repressioni, miseria e
torture.

Seychelles 1979-81 *coinvolgimento della*
CIA in un tentativo di invasione.

Yemen del Sud 1979-84 *sostegno aiuti e*
addestramento alle forze paramilitari che
miravano a far cadere il governo.

Corea del Sud 1980 *attivo sostegno al*
governo di Chun responsabile della
repressione della contestazione studentesca,
sfociata nell'uccisione di duemila persone.

Grenada 1979-83 *destabilizzazione e*
invasione dell'isola per il rovesciamento di
Maurice Bishop.

Suriname 1982-84 *organizzazione di un*
invasione poi abortita da parte della CIA.

Libia 1981-89 *abbattimento di due aerei libici nello spazio aereo libico, bombardamento della residenza di Gheddafi, tentativi di assassinio del leader, sanzioni economiche.*

Isole Fiji 1987 *organizzazione del colpo di stato Rabuka contro il governo Bavrada.*

Panama 1989 *invasione di Panama con centinaia di civili uccisi e migliaia di feriti ufficialmente per catturare l'ex alleato, il dittatore Noriega, in realtà per intimidire il Nicaragua alla vigilia delle elezioni.*

Afghanistan 1979-92 *massiccio sostegno ai Talebani opposti al governo laico filosovietico.*

El Salvador 1980-92 *coinvolgimento effettivo di truppe americane nei combattimenti della guerra civile, finanziamenti per 6 mld di dollari alle forze filo regime.*

Haiti 1987-94 *sostegno alla dittatura Duvalier e condizionamento del governo Aristide.*

Bulgaria 1990-91 *finanziamento per 1,5 mld di dollari al partito di opposizione; organizzazione da parte dell'organizzazione USA NED di sommosse popolari per rovesciare il risultato delle*

elezioni fino alle dimissioni del governo.
Albania 1991-2 *organizzazione da parte del NED del rovesciamento del risultato delle elezioni fino alle dimissioni del governo.*
Somalia 1993 *intervento diretto delle truppe americane contro il 'signore della guerra' Aidid, volto in realtà a ripristinare il controllo delle compagnie americane sui campi petroliferi.*
Jugoslavia 1999 *bombardamenti sulla Serbia per consentire la secessione del Kosovo dalla Federazione Jugoslava.*
Iraq 1991 *dopo l'invasione del Kuwait bombardamenti per 40 giorni e 40 notti sull'Iraq pari a 80.000 tonnellate di esplosivo, tra cui molti con uranio impoverito; un milione di bambini morti in dieci anni a causa delle sanzioni economiche e della distruzione delle infrastrutture; prima 'missione' da parte di USA e Gran Bretagna in attesa dell'attacco finale.*
Perù 1990-2000 *sostegno tramite consulenza e addestramento militare, fornitura di armamenti e finanziamenti al governo repressivo Fujimori, responsabile di violazione dei diritti umani e uso della*

tortura.
Messico 1994-1998 *addestramento finanziamento e approvvigionamento di armi alle forze paramilitari e ai servizi segreti opposti agli zapatisti.*
Colombia 2002 *terzo paese destinatario di aiuti militari americani, centinaia di militari USA presenti nel paese, invio di armi, coordinamento e addestramento dell'esercito e delle forze paramilitari opposte alle FARC, sostegno al governo responsabile di violazione dei diritti umani e di tortura.*

L'invasione dell'Afghanistan e dell'Iraq non sono state altro che le battaglie iniziali di una guerra al terrorismo sinonimo della quarta guerra mondiale.

le Peuple sous l'ancien Régime

...POLITICI, BANCHIERI, BARONI E VESCOVI...

L'organizzazione sociale umana non è cambiata molto dall'epoca delle monarchie: è cambiata un po' nella forma ma certamente non nella sostanza e come sempre i popoli combattono guerre volute dai potenti.

Ne "Il gattopardo" di Giuseppe Tomasi di Lampedusa, un romanzo storico del 1958 ambientato intorno al 1860 in Italia negli anni dell'unificazione del paese, un nobile siciliano dice "Se vogliamo che tutto rimanga come è bisogna che tutto cambi". Per capire il presente bisogna guardare il passato perchè la storia si ripete.

Se chiedete in giro alla gente chi comanda il mondo qualcuno vi dirà i politici, qualcuno i banchieri, qualcuno i petrolieri, qualcun'altro le multinazionali.

La verità è che il banchiere, il politico o il petroliere sono solo mestieri...
Politici e banchieri si sostengono a vicenda perchè sono tutti imparentati come una volta lo erano i baroni e i vescovi...

Anche una volta fare il barone o il vescovo era solo un mestiere.
Dietro ci sono dunque solo poche famiglie potenti che comandano il mondo come nel medioevo. E' cambiata un pò la forma ma la sostanza purtroppo non è cambiata: è sempre lo stesso vino... solo in botti nuove.

Sono solo poche famiglie che governano tutti i paesi del mondo (anche nelle democrazie i popoli sono sovrani solo apparentemente) e, come in passato, quando gli interessi di queste elite sono in contrasto sono loro che decidono anche le guerre.
Sono loro che nascoste sostengono terroristi e colpi di stato. Si servono degli eserciti ufficiali e delle mafie e dei servizi segreti.
La differenza più vergognosa con il passato è che almeno prima queste famiglie si prendevano le loro responsabilità perchè con le monarchie governavano alla luce del sole mentre oggi vigliaccamente si nascondono ai popoli dietro quell'ipocrisia chiamata democrazia.

...OCCIDENTE: I SEGRETI DEL SUCCESSO...

L'occidente ha schiavizzavato gli africani e sterminato gli indiani d'America.

In questo contesto di violenza tuttavia considerava (ovviamente in malafede) gli altri popoli selvaggi e si dichiarava esportatore della cultura, della modernità e della cristianità (quindi della morale, della giustizia, ecc.) così come oggi bombardando a destra e a manca si dichiara esportatore di democrazia e difensore dei diritti delle donne e dei gay.

Il segreto del successo occidentale è quindi solo uno: violenza e falsità
Così si conquista e si mantiene il potere.

Sunday Herald Sun (Melbourne, Australia), 12th September 2010

Feminists 'tilt' figures

FEMMINISMO: L'INGANNO GLOBALE

Il femminismo è marcio, è diventato
un'ideologia, una bandiera.

La storia si ripete sempre. Chi conosce il
passato capisce il presente.
Ieri c'erano i conquistadores spagnoli:
"Siamo venuti per servire dio e il re e anche
per diventare ricchi".
Oggi ci sono i cowboy occidentali:
"Siamo venuti per liberare le donne ed
esportare la democrazia e anche per
diventare ricchi".

Il femminismo è insomma uno strumento
nelle mani dei potenti per diventare ancora
più potenti.

RAGUSA, UNA STORIA AUDACE

« Ragùs forte rocca, città ricchissima che vanta
antiche origini, nei cui mercati è un continuo
andirivieni di genti da tutte le nazioni »
(Idrisi, Libro di Ruggero)

La città di Ragusa è stata definita anche da letterati,
artisti ed economisti come "l'isola nell'isola" o
"l'altra Sicilia" grazie alla sua storia e ad un contesto
socio-economico molto diverso dal resto dell'isola.

STORIA ANTICA

« Bisogna essere intelligenti per venire a Ibla, una
certa qualità d'animo, il gusto per i tufi silenziosi e
ardenti, i vicoli ciechi, le giravolte inutili, le persiane
sigillate su uno sguardo nero che spia. »

(Gesualdo Bufalino)

Le origini di Ragusa risalgono al neolitico.
Esattamente i primi insediamenti sono datati al XX
secolo A.C.. Se l'antica Hybla Heraia - la cui
ubicazione è attualmente sconosciuta - fosse
corrisposta al territorio di Ragusa ad essa si potrebbe
legare la leggenda che narra del re siculo Hyblon
fondatore di un primo nucleo abitativo scacciando gli
antichi sicani meno progrediti rispetto ai siculi.
La città sarebbe più volte stata assediata dai greci ma
inutilmente. Nel 491 A.C. Ippocrate di Gela morì in
battaglia contro i siculi iblei. Nel 450 A. C. Falaride,
tiranno d'Agrigento, minacciò più volte col suo
esercito l'indipendenza e la libertà del popolo di Ibla.
Ma il tiranno venne respinto tenacemente e

facilmente anche grazie all'aiuto di Kamarina - fondata dai siracusani su territorio ibleo - e di siculi che intervennero con i loro eserciti a combattere gli agrigentini. Grazie a queste vittorie Hybla fu nota in tutto il mondo antico abitato cosicché le fu attribuito l'appellativo di "Audax", Hibla "l'Audace", e la città conservò la propria indipendenza fino alla metà del III secolo A.C..

STORIA MEDIOEVALE

Paolo Balsamo, esperto viaggiatore, nel 1808 visitò la contea di Modica.

« Ci dipartimmo da Ragusa gratissimi per le cortesie usateci [...]; ed affezionatissimi ad una città, che chiamammo per ischerzo la nostra Capua, perciocché ci distolse dal nostro semplicissimo modo di vivere e viaggiare e c'intrattenne con piacevolezze e passatempi, che provenire non possono se non da una raffinata civiltà e da una bastevole affluenza di pubbliche e private fortune. Io che ho veduto a sufficienza di Europa e posso luoghi con luoghi comparare, ingenuamente confesso, che le provincie di Sicilia, mancano di quella ridente prosperità; vorrei tuttavia, che quei maldicenti nazionali e forestieri, conoscessero e contemplassero bene Ragusa, affinché si divezzassero da certi concetti, ed opinioni sullo stato dell'interno del Regno, che hanno adottate per difetto di opportune notizie, e per una immaturità, e precipitanza di giudizi. »

(Paolo Balsamo, Giornale di viaggio fatto in Sicilia e particolarmente nella contea di Modica)

Dal periodo normanno, tranne per qualche breve interruzione, la città fu per più di cinquecento anni amministrata autonomamente da vari conti.

La contea di Ragusa si fuse con la contea di Modica nel 1296 grazie a Manfredi I Chiaramonte che prese in sposa Isabella Mosca figlia del Conte di Modica.

La Contea di Modica "Regnum in Regno"

La Contea di Modica non fu uno stato nel significato contemporaneo del termine piuttosto fu uno dei più importanti stati feudali del mezzogiorno d'Italia di certo a partire dall'investitura di Bernat Cabrera del 1392. La formula "sicut Ego in Regno Meo et Tu in Comitato tuo" contenuta nel documento d'investitura del Cabrera lascia pochi dubbi a proposito dell'ampiezza dell'autonomia di questo stato sì feudale ma nei secoli considerato un "Regnum in Regno". In buona sostanza pur restando la dipendenza dal Re di Spagna per alcuni secoli la contea fu considerata e trattata come uno stato autonomo e come tale, nei documenti del Seicento e del Settecento, Modica era difatti definita e citata come "capitale" di questo stato. Nel Ragguaglio succinto (Archivio storico di Vienna) che il ministro Blanco inviò all'imperatore Carlo VI d'Asburgo il 7 agosto 1721 si leggeva: «... Perciò dovrà ricadere incontrovertibilmente nel legittimo successore dell'Almirante di Castiglia lo Stato e la Contea di Modica. Comprende codesto Stato otto considerabili città numerosamente popolate, e composte di gente la più commoda e ricca fra tutti i vassallaggi di Sicilia... Modica è la metropoli del contado... Risiedono in essa **Capitale** li Tribunali...». Questo si scriveva e leggeva di Modica e dello stato feudale di cui essa era a capo, da parte dei potenti dell'epoca, agli inizi del settecento.

La contea possedeva un'amministrazione simile a quella di uno stato sovrano. Risiedevano in Modica il governatore, un tribunale di gran corte ed una curia di appello non solo per le prime ma anche per le seconde appellazioni che neppure la città di Palermo aveva.

Inoltre, con l'avvento del protestantesimo, il papato istituì a Modica anche una sede del tribunale dell'inquisizione (o Sant'Uffizio) per difendere la dottrina cattolica dalle "eresie" che portavano confusione fra il popolo. Il "commissario" di questo tribunale ecclesiastico veniva, per dignità, immediatamente dopo quelli di Palermo, Messina e Catania. Modica era fra l'altro sede di uno dei tre commissari siciliani della Apostolica bolla di Santa Crociata con competenza su tutto il Val di Noto.

A Bernat Cabrera, morto nel 1423, successe il figlio Giovanni Bernardo che amministrò la contea in maniera pessima.
Nel 1447 i ragusani ormai esausti dalla pessima gestione del conte si ribellarono, assaltarono il castello e bruciarono l'archivio feudale distruggendo inconsciamente tutta la documentazione su Ragusa antica e medievale.
Ne seguì un processo che rappresenta un unicum nella storia medievale in quanto il signore di un feudo venne messo sotto accusa dai propri sudditi. Il conte fu costretto a pagare 60.000 scudi e a cambiare città di residenza essendo stato riconosciuto

colpevole di duro trattamento contro i terrazzani.

I conti per assicurarsi la rendita annuale di 12.000 salme di cereali (33 mila quintali circa) e per pagare l'ingente debito nei confronti del fisco accumulato dal Cabrera concessero le terre in enfiteusi cioè con diritto di tenere il fondo per sempre a condizione di migliorarlo e pagare un affitto in denaro o in natura: frumento, fave, fagioli, lenticchie, ceci, carrube ed altri prodotti della terra.

L'enfiteusi permetteva agli agricoltori di avere pieni poteri sui fondi che coltivavano con la possibilità per l'enfiteuta di affrancare il fondo divenendone proprietario. Con questo diritto reale di godimento il Cabrera assicurava ai terrazzani la certezza di un possesso più duraturo che molto presto sarebbe diventato vitalizio e perpetuo. Questa nuova situazione restituì fiducia e spirito di iniziativa ai tanti contadini depressi dagli esosi e precari contratti d'affitto precedenti.

L'enfiteusi quindi fu una delle cause fondamentali, ma non la sola, a contribuire al processo di privatizzazione delle terre. Fu così che quei sassi, che fino ad allora avevano ingombrato il suolo impedendone la capacità produttiva e che chi era stato costretto a lavorare la terra aveva dovuto scansare con sommo fastidio, si rivelarono preziosi. La rotazione (pascolo-grano-pascolo-"favata") e le deiazioni degli animali diedero fertilità al terreno. I campi produssero così frumento, legumi e foraggio e indirettamente carne, latte e pelli e generarono un fiorente artigianato. Iniziò una radicale trasformazione dell'economia locale e anche del territorio in cui nacquero le massarie e i muri a secco che segneranno il paesaggio del circondario.

Lo scardinamento del sistema feudale permise la nascita di una robusta classe di imprenditori agricoli "i massari" e soprattutto permise di resistere all'assalto mafioso. (*ORIGINI DELLA MAFIA: Durante tutto il medioevo il feudatario imponeva la sua legge, fatta di sorprusi e prevaricazioni, al suo suddito e alla sua famiglia, senza che questi potesse far valere i suoi diritti o le sue ragioni. A chi non si dichiarava disponibile ad accettare questo estremo stato di sudditanza non restava che darsi alla macchia, andando ad ingrossare le già numerose file di banditi che infestavano le campagne siciliane. In altri termini o s'era servi o banditi. Ma questi banditi rubavano ai ricchi per donare ai poveri e alleviare così le loro immani sofferenze. Erano la versione sicula di Robin Hood!*

Per porre fine all'attività di questi "fuorilegge", i signori feudali formarono le "compagnie d'armi" squadre di ex galeotti, già condannati a morte, che impiegarono in continue azioni di rastrellamento, fiduciosi di porre così termine al tristo fenomeno del banditismo. Il risultato fu che ai banditi si sostituirono ribaldi della peggiore risma, privi della benchè minima umanità. Le popolazioni di Sicilia non dovettero soltanto sopportare i sorprusi dei potenti feudatari, dovettero soggiacere anche alle vessazioni e alle malefatte di questi delinquenti difesi dalla legge.

Non fu difficile a questa cancrena umana dividere il territorio isolano in zone d'influenza, entro cui apparentemente regnava l'ordine, ma era l'ordine delle loro prepotenze e non della giustizia. Il compagno d'arme assumeva il ruolo di giudice occulto, derimendo vertenze, obbligando il derubato

a non sporgere denuncia ed il ladro a restituire la
refurtiva, magari dietro qualche compenso, in modo
che agli occhi del feudatario tutto apparisse
tranquillo. Se una parte incautamente rifiutava
"l'accordo", aveva il proprio destino segnato: un
bosco, una "trazzera" - strada di campagna - o
l'alveo di qualche torrente accoglieva il suo
cadavere.
A Ragusa la situazione era ben diversa perchè
mentre nel resto dell'isola c'era il latifondo
l'enfiteusi aveva qui portato un certo benessere
anche per il popolo. Non ci fu banditismo e non fu
necessario "l'ordine sociale" dei compagni d'armi.
Ora, la mafia è una malapianta e cresce ovunque ma
in questa zona non trovò terreno fertile e non ebbe
quindi lo stesso impatto sociale che invece
purtroppo ebbe nel resto dell'isola.)

STORIA MODERNA

L'11 gennaio 1693 un terremoto devastante distrusse
l'antica città e causò circa cinquemila morti su una
popolazione di tredicimila abitanti. Questo
determinò la ricostruzione dell'intera città dando
origine allo splendido barocco che caratterizza il Val
di Noto.

La maggiorparte dei capolavori architettonici
dichiarati nel 2002 Patrimonio dell'Umanità
dall'UNESCO si trovano a Ibla ma nella parte alta di
Ragusa si possono ammirare: la cattedrale di san
Giovanni, palazzo Zacco, il vescovato e palazzo
Bertini.

La fortunata fiction "Montalbano" ha poi amplificato ciò che l'Unesco ha fatto portando Ragusa alla ribalta a livello internazionale mentre l'aerporto di Comiso ha permesso di ridurre l'eterno gap infrastrutturale e di giocare finalmente quasi alla pari con altre realtà nazionali e non.

La ricaduta economica di quest'ultimi eventi, così come l'enfiteusi di 500 anni fa, dà fiducia alla gente e ciò è fondamentale per reagire allo tsunami finanziario che si è abbattuto ovunque perchè nonostante tutto Ragusa regge l'urto di una terrificante crisi meglio di tante altre realtà non solo siciliane.

Ancora una volta nell'avventura umana quindi gli iblei spiccano affrontando i tempi attuali, tremendi, come sempre e cioè con forza e coraggio perchè il popolo ibleo è stato e si spera sarà ancora per tanto tempo protagonista di una storia audace.

INDICE

prima parte

seconda parte

ISBN 978-1-4709-3878-9

prima edizione